江南才子 唐伯虎

曾孜榮 主編 / 周劍簫 編著

中華教育

江南才子
唐伯虎

曾孜榮 主編／ 周劍簫 編著

責任編輯：王 玫

裝幀設計：李洛霖　鄧佩儀

排　版：李洛霖　龐雅美

印　務：劉漢舉

出版

中華教育

香港北角英皇道 499 號北角工業大廈 1 樓 B

電話：(852) 2137 2338　傳真：(852) 2713 8202

電子郵件：info@chunghwabook.com.hk

網址：http://www.chunghwabook.com.hk

發行

香港聯合書刊物流有限公司

香港新界荃灣德士古道 220-248 號荃灣工業中心 16 樓

電話：(852) 2150 2100　傳真：(852) 2407 3062

電子郵件：info@suplogistics.com.hk

印刷

深圳市彩之欣印刷有限公司

深圳市福田區八卦二路 526 棟 4 層

版次

2021 年 1 月第 1 版第 1 次印刷

©2021 中華教育

規格

12 開 (240mm x 230mm)

ISBN

978-988-8676-13-2

目　錄

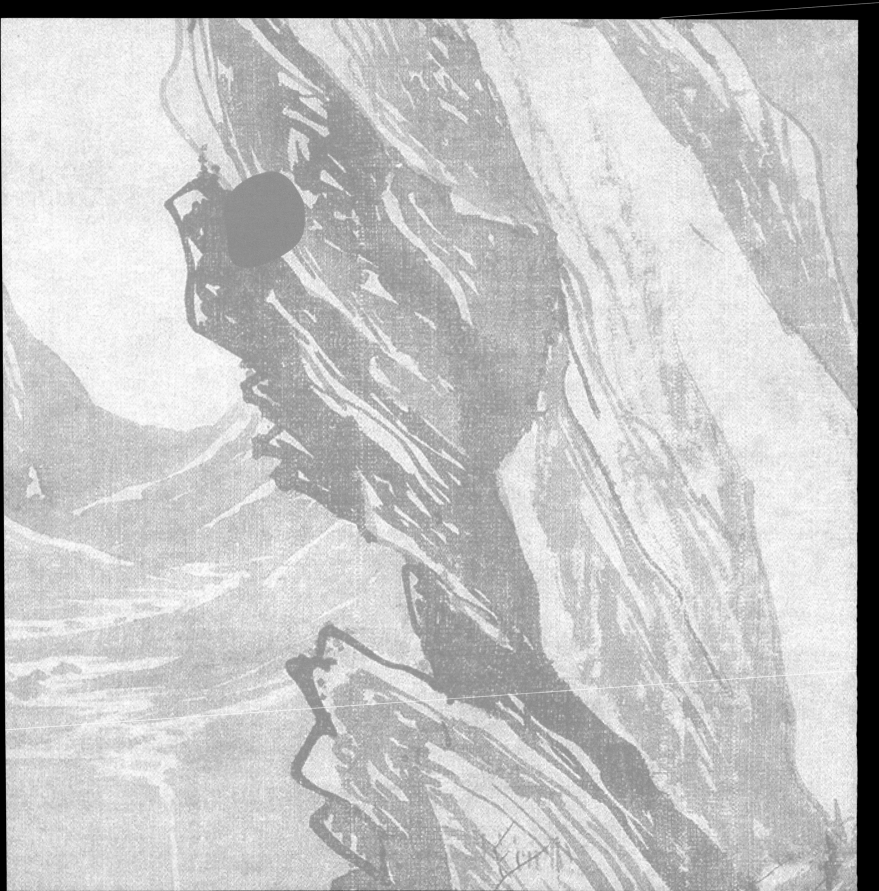

第一章

這可怎麼辦？

美麗的蘇州地靈人傑。對中國畫壇產生深遠影響的「吳門畫派」，就誕生於明代的蘇州。「吳門畫派」眾星璀璨，其中最耀眼的一顆，必然要數「江南第一才子」唐伯虎了！他才華橫溢、家喻戶曉，直到現在，江湖上還流傳着各種令人啼笑皆非的傳說。事實上，唐伯虎一生可是吃過不少苦頭……

姑蘇城裏的故事

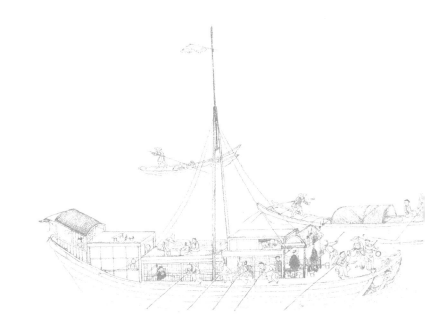

　　蘇州自古以來就是詩人們歌詠的對象。春天，鄧尉山上梅花如雪如潮，暗香浮動成海。夏天，泛舟煙波浩渺的太湖之上，陣陣涼風帶走了酷熱的暑氣，安閒愜意。秋天，天平山上的楓葉將整座山染成了豔麗的紅色。冬天，到寒山寺燒香祈福，聽夜半的鐘聲貼

《姑蘇繁華圖》局部　清代　徐揚　遼寧省博物館藏

着水面悠悠而來。城裏河道縱橫，家家戶戶枕河而眠，真是一座風光秀美的江南水鄉，給畫家們提供了不少創作靈感。

蘇州山清水秀，自古就是土地肥沃、物產豐富的寶地。到了明代，勤勞聰明的蘇州人更是讓這裏成為全國最富庶的大都市之一。人們生活富裕，自然有財力、有精力做點自己真正喜歡的事情。受過良好教育的蘇州富豪可不會一股腦兒地跑去買「豪車」、置房產，他們有一個特別的愛好，那就是書畫收藏。

明代的蘇州就是有這樣的魅力，讓文人雅士、富商巨賈，還有從事收藏、鑒賞、裝裱、售賣文房四寶等各種與藝術相關行業的人們聚在一起，成為一座聲名遠播的藝術之城。我們要講的故事，就發生在這座繁華的城市裏。

明成化六年（1470 年），唐伯虎出生了。其實，伯虎並不是他的名，而是他的字。

在古代，「名」和「字」是分開的。「名」是出生時由父母起好的，供長輩呼喚和自己稱呼自己。等成年後，會另外再起「字」，供平輩之間稱呼，表示對對方的尊重。

那唐伯虎的「名」是甚麼呢？他出生那年，正好是虎年，子鼠、丑牛、寅虎……於是，父母就給他取

了「唐寅」這個名。而字「伯虎」又是甚麼意思呢？古人兄弟排行的次序為伯、仲、叔、季，「伯仲之間」這個成語就是這麼來的。所以很好理解了，唐寅排行老大，又屬虎，所以字「伯虎」。為了表示對他的尊重，我們就繼續稱呼他為唐伯虎吧！

唐伯虎的父親唐廣德經營了一家酒館，雖然收入不錯，能保證全家衣食無憂，但他並不想兒子像他一樣經商。因為在當時，商人的地位是很卑微的。只有用功讀書走科舉之路，考取功名，才最受人尊敬。父親也像千千萬萬望子成龍的家長一樣，把希望寄託在兒子唐伯虎身上，給他聘請家庭教師，希望他能謀取一官半職，出人頭地。

唐伯虎沒有辜負父親的期待。他聰明伶俐，功課一點都難不倒他。他十一歲時就寫得一手好字，且文才極好；十六歲時，摘得蘇州的童生試第一，這下全蘇州的讀書人都記住了他的名字。

雖然學習成績優秀，但唐伯虎並沒有擺脫孩子頑皮的本性。每天與抬轎的、殺豬的、小攤販們打鬧嬉戲，還和朋友在雨雪中假扮乞丐唱歌乞討，甚至脫光了衣服到學校門口的水池裏打水仗，幹了不少荒唐的事情。

◀
《姑蘇繁華圖》局部
▶
《墨梅圖》 明代　唐伯虎　96cm×36cm　故宮博物院藏
唐伯虎在畫上題寫了自己的詩：「黃金布地梵王家，白玉成林臘後花。對酒不妨還弄墨，一枝清影寫橫斜。」

天降災禍

在風光秀美的蘇州城裏，唐伯虎就這樣過着無憂無慮的生活，讀書、遊玩、吟詩、作畫，閒來還有興致研究天文曆法、數學、音樂、占卜、風水……隨心所欲，灑脫自然。誰都沒想到，災禍會毫無徵兆地降臨到唐伯虎頭上。

先是父親死於疾病，過了一段時間，妻子和母親也離開了人間。第二年，妹妹又在家裏上吊自殺。短短一兩年時間，溫馨美好的一家人就只剩下唐伯虎和弟弟了。

這時候的他還只是個二十幾歲的年輕人，而最重

要、最親密的家人卻相繼離開了自己，絕對是難以承受的沉重打擊！唐伯虎悲痛欲絕、萎靡不振，年紀輕輕便生出白髮，整天喝酒麻痺自己，不再有心力讀書與追求功名了。

唐伯虎就這樣渾渾噩噩地過了兩年。之後，在好朋友祝允明（祝枝山）等人的鼓勵下，他終於拾起書本開始苦讀，慢慢走出痛失親人的陰影。二十九歲時，唐伯虎參加了省內鄉試，他飄逸灑脫的文風在眾多試卷中非常搶眼，高中解元！

要知道，江南才子實在太多了，祝允明參加了五次鄉試才中舉，另一位好朋友文徵明甚至考了九次都沒考中。而唐伯虎第一次參加考試，就考了全省第一名，真是個天才！先天的稟賦使他做任何事都比別人來得輕鬆和容易，可太容易得到的東西，往往不會被小心珍惜。這時候，考場上春風得意的唐伯虎可沒有預料到，後面還有個大跟頭在等着他呢！

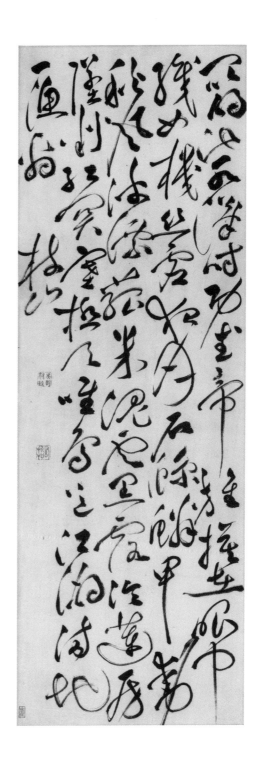

《草書杜甫秋興八首・其七》　明代　祝允明
108.6cm×34.5cm　遼寧省博物館藏

《秋興八首・其七》
昆明池水漢時功，武帝旌旗在眼中。
織女機絲虛夜月，石鯨鱗甲動秋風。
波漂菰米沉雲黑，露冷蓮房墜粉紅。
關塞極天唯鳥道，江湖滿地一漁翁。
《秋興八首》是唐大曆元年（公元 766 年）秋天，杜甫在夔州時所作的一組七言律詩，以遙望長安為主題，是杜甫七律詩的代表作。

冤枉啊！

考中解元後，唐伯虎的名聲迅速傳到蘇州城外，仰慕他的人越來越多。唐伯虎總算是走出了人生低谷，摩拳擦掌，準備去京城參加會試。大好前程似乎已經觸手可及了。

如果唐伯虎是一個小心謹慎的人，他可能會選擇在京城潛心讀書、準備考試，也就不會有之後的風波了。但唐伯虎並不甘於寂寞，在去京城趕考的路上，他認識了一同趕考的徐經。徐經家是江陰地區的首富，他帶着唐伯虎一路吃喝玩樂，還有六名僕人伺候他們的生活起居。這兩人每天被前呼後擁着在熱鬧的京城招搖過市，四處拜訪朝中重臣，春風得意。這些高調的舉動，卻被其他考生們默默記在了心裏。

考生拜訪京城官員是慣例，沒有甚麼特別的，只是唐伯虎、徐經與一位叫程敏政的官員走得特別近，唐伯虎還請程敏政為自己的詩集作序。其實這本來也沒甚麼，可巧就巧在，上了考場一看，程敏政竟然是主考官！這下考生們可炸鍋了。他們捕風捉影，四處散播謠言，說徐經、唐伯虎私通考官程敏政，預先拿

到了試題，考了高分。這個消息傳到皇帝耳朵裏，可把他氣壞了，下令大力調查科場舞弊案，唐伯虎的人生軌跡從此被徹底改寫。

那場考試延期放榜，唐伯虎、徐經與程敏政都下獄接受調查。唐伯虎在獄中給好朋友文徵明寫信，說獄卒像老虎一樣兇殘，自己每天涕淚橫流，恨不得以頭撞地結束生命。看來在監牢裏沒少受罪。

調查到最後，得出的結論是兩人並沒有賄賂考官，被程敏政判了高分的卷子也不是唐伯虎和徐經的。他倆被無罪釋放，但是考試成績已經作廢，無法挽回，人生中也不明不白地有了污點，不可能再去做官。就這樣，唐伯虎憤憤地回到蘇州老家。

◀

《騎驢歸思圖》局部

▶

《騎驢歸思圖》明代　唐伯虎
77.7cm×37.5cm　上海博物館藏

畫上有唐伯虎的題詩：「乞求無得束書歸，依舊騎驢向翠微。滿面風霜塵土氣，山妻相對有牛衣。」從詩中的「束書歸」推測，這幅畫可能是唐伯虎會試歸來後畫的。

造化弄人

科舉舞弊案嚴重打擊了唐伯虎的自尊。這場風波之後，他的第二位妻子與他離婚，帶走了家裏所有的財產。考取功名無望，家中的經濟狀況也越來越差，三十歲時，唐伯虎正式拜師學習繪畫，不得已走上賣畫為生的道路。

再說當時的明朝皇帝朱厚照，是一個整天只知道吃喝玩樂的少年，對國家大事不理不睬，全部交給宦官處理。朱厚照的叔叔，也就是寧王朱宸濠眼看國家政局混亂，皇帝昏庸無能，便蠢蠢欲動，準備起兵謀反。

唐伯虎四十五歲那年，寧王帶着禮金與書信來蘇州招攬名士。剛開始唐伯虎沒察覺出異樣，還以為這是他得到重用的一次難得機會，沒多想便興沖沖地奔赴寧王王府所在地江西南昌。到了南昌才發現寧王的陰謀，禮賢下士，不過是為造反來營造聲勢！參與造反可是誅九族的大罪！唐伯虎嚇壞了，暗自籌劃，準備一有機會就逃離這個是非之地。他開始裝瘋賣傻，在大庭廣眾之下赤身露體，做出一副瘋瘋癲癲的樣子。寧王丟了不少面子，於是草草把唐伯虎打發回老家了事。

不久，寧王因謀反被殺，萬幸的是唐伯虎及早脫身，逃過一劫。但這番遭遇，無疑讓他僅剩的雄心壯志都煙消雲散了。唐伯虎覺得人生虛幻落寞，充滿不可預測的變故，也許只有及時行樂才有些許意義。他又開始沉淪放縱的生活。不健康的生活方式加速損害了他的身體，病得厲害的時候，他連畫筆都提不動了，生活也變得更加清貧。

晚年的唐伯虎已經不怎麼出門，平日就坐在臨街的小樓上，只有求他作畫的人有時帶着酒來拜訪他。

五十四歲的時候，大約是因為肺病，唐伯虎放浪形骸又淒楚的一生結束了……

真是造化弄人。唐伯虎沒能像他父親和自己期待的那樣走上仕途，天才的悟性和生活的壓力反而讓他走進藝術的世界。他沒能如願在官場青雲直上，卻因為藝術成就而名留青史，成了今天我們熟悉的那位江南才子唐伯虎。

《湘君湘夫人圖》局部　明代　文徵明
故宮博物院藏

寧王招攬江南人才時，唐伯虎的好朋友文徵明也受到了邀請。文家是書香門第，族人世代為官，這讓文徵明對官場的套路十分熟悉，一開始就看穿了寧王的陰謀。江西是去不得的，可為了不得罪寧王，文徵明假裝生病，連牀都下不了，還裝成一副糊里糊塗的樣子，巧妙回絕了寧王。

第二章

讓藝術解決問題！

中國人和山水之間似乎有一
種特別的關係，人們用詩歌
讚頌山水，用書法記述山水，
用畫筆描繪山水。山水從來
不會讓人失望，它總是能治
癒那些向它尋求幫助的心靈，
讓人們在山水中找到自己。
唐伯虎也是其中的一員。讓
我們跟隨畫家，一起體驗他
的壯遊。

唐伯虎的旅行日誌

古往今來，考試作弊都是令人不齒的。半年之內，唐伯虎從眾人仰慕的才子變成大家唾罵的對象，身敗名裂，形象一落千丈。他給文徵明寫信訴苦：眾人提起我的名字，都緊握拳頭，好像面對仇敵一樣。不管知不知道真相，都指着我唾罵。讀來真是讓人心酸。

他用那些遭受過挫折的古代先賢——墨子、孫臏、司馬遷的故事鼓勵自己，只要堅強地走出逆境，同樣可以有所作為，流芳千古。他振作精神，下定決心做千里壯遊之行，然後著書立說，幹一番大事業。從三十二歲開始，唐伯虎遠遊江西、湖南、福建、浙江等省，飽覽了不少難得一見的天下奇觀。

鎮江是他的第一站，他站在金山，遙望江中的焦山。然後他又坐船沿着長江來到江西，在蒙蒙小雨中遊覽了雄偉壯麗的廬山。隨後登臨五嶽之一的南嶽衡山，緊接着是福建武夷山。到了浙江，他去攀爬了雁蕩山和天台山，還渡海到普陀山看了壯麗的海上日出。在安徽，他又遊覽了風景卓絕的黃山、九華山……

古代交通不便，很少有人能像他這樣四處遊歷大好河山，親眼見到各地不同的自然風光。這段旅行讓唐伯虎眼界大開。也是因為這個緣故，他的書畫作品裏總有一種江南文人筆下罕見的雄偉壯闊和瀟灑，在蘇州畫壇獨樹一幟。

唐伯虎的山水畫大多表現崇山峻嶺的雄偉險峻，山石充滿稜角，彷彿斧劈刀削一般，讓人隔着畫面就能感覺到山石的堅硬。

他最有代表性的一幅山水畫是《山路松聲圖》。高聳的山峰從山頂到山腳呈 S 形，跌宕擺動，動感十足。峭立的山石間，一條瀑布順着山勢層層跌下，一直落到橋下的岩石間，匯入溪流。這條若隱若現的瀑布，將山巒一層層地推高推遠，也將整幅畫串聯成一個連貫有機的整體。

◀

《錢塘景物圖》 明代　唐伯虎
71.4cm×37.2cm　故宮博物院藏

▶

《山路松聲圖》 明代　唐伯虎
194.5cm×102.8cm　台北「故宮博物院」藏

汪洋流水

绿吴趣唐寅

窓下清风满鬓

自费持料得南

日长何所事茗碗

《事茗图》 明代 唐伯虎 31.1cm×105.8cm 故宫博物院藏

除了登山，唐伯虎也遊覽了很多名澤大川——他在揚州瘦西湖（當時叫保障湖）的湖畔漫步，又順長江過蕪湖、九江，在赤壁懷古，繼而泛舟洞庭湖上，還在福建九鯉湖向九鯉仙祈夢，夢中的鯉魚仙賜給他滿滿一擔墨汁。

到了浙江，他自然去尋訪了天下聞名的西湖，然後沿着富春江、新安江一路南下。江水清澈，河底五彩斑斕的小石子和游魚都能看得一清二楚，兩岸連綿的青山彷彿也在列隊歡迎他。

正因為有了對江河湖海的實地觀摩，唐伯虎能將各種水勢畫得十分生動。瀑布的奔騰流瀉、湖面的平靜開闊、溪流的清淺漣漪，他都能用一支畫筆讓它們躍然紙上。

太湖古稱「震澤」，以湖面開闊、煙波浩渺的景色著稱。唐伯虎經常與朋友泛舟湖上，《震澤煙樹圖》畫的就是唐伯虎心目中的太湖——小船隨風漂蕩，岸上竹木叢生，一戶人家就坐落在寧靜的湖畔。

畫家只呈現了太湖一個小小的角落，留白的畫面延伸出去，代表寬廣無垠的水面。意境清幽雅致，留給觀者無盡的想像。

◀

《震澤煙樹圖》局部　明代　唐伯虎　台北「故宮博物院」藏

▶

《步溪圖》　明代　唐伯虎
159cm×84.3cm　故宮博物院藏

遠處高峰聳立，雲氣瀰漫。近處是一條清淺的小溪。潺潺的溪水流過小橋，又在蜿蜒的溪岸受到山石的阻礙，在山石間打轉……這些變化的水勢，都被唐伯虎一筆筆地畫了出來。

草堂裏的一個夢

雖然著書立說的目標沒有實現，但遊歷了千山萬水之後，唐伯虎儲存了大量真實山水的素材，太湖的浩渺、廬山的雄渾、黃山的奇峰怪石……山水留在了他的心中。書畫既是精神上的寄託，也是生活的經濟來源。在蘇州繁榮的書畫市場，唐伯虎完全靠賣畫、

給人寫墓誌銘、贈序等「賣文」的收入為生。這時的他已經對仕途不再抱有任何幻想，過着隱居般的生活。

他想找一個安靜清幽的地方建一座自己滿意的宅院。思來想去，尋尋覓覓，最終選中了蘇州城北桃花塢這塊地方。

《夢仙草堂圖》 明代　唐伯虎
28.3cm×103cm　美國弗利爾美術館藏

山中的茅屋裏，一位高士枕着書睡着了。遠處空闊的天空中，居然還飄浮着一個人，正回首遙望茅屋裏的高士。仔細看那人的服飾面貌，簡直和高士一模一樣！原來，這正是高士夢中的自己，在御風飛翔。唐伯虎將現實和想像畫在同一個時空中，充滿了浪漫的夢幻色彩。

這裏景色秀麗，有一彎清澈的小溪，溪邊桃紅柳綠，還有一個小小的山坡，充滿山野之趣。靠着賣畫的積蓄，唐伯虎在桃花塢蓋了幾間茅草屋，取名「桃花庵」。桃花庵裏的每間屋舍都有雅致的名字，比如「學圃堂」「夢墨亭」「蛺蝶齋」「六如閣」……

唐伯虎將桃花庵四周的環境也修整一新，種上桃花、梅花、竹子、牡丹、蘭花、菊花，還挖了一方池塘，養起小魚。無論是哪個季節，桃花庵都有動人的美景。在這裏，他過上了一段難得的安寧幸福的生活。

《桐陰清夢圖》可以看成是唐伯虎的自畫像，我們能從這幅畫裏大致了解畫家科場受挫後的精神狀態。一株梧桐樹下，一位文人躺在藤椅上，閉目養神，臉上似乎還掛着淡淡的笑容。

古代有一個很有名的故事，叫「南柯一夢」。說的是淳于棼到了槐安國，娶了漂亮的公主，當上南柯太守，享盡榮華富貴。醒來後才發覺，這不過是在槐

《桐陰清夢圖》 明代 唐伯虎
62cm×30.9cm 故宮博物院藏

樹下做的一個夢。而唐伯虎偏偏反其道而行之，不畫功名慾望之夢，而畫桐陰下的清夢。世人追求功名利祿是自尋煩惱，不如忙裏偷閒，在夢中尋求一個清淨而沒有煩惱的世界。

畫面上的題詩，將他瀟灑的心境表露無遺：「十里桐陰覆紫苔，先生閒試醉眠來。此生已謝功名念，清夢應無到古槐。」

晚年的唐伯虎，因失意的痛苦、多病的身體而多了幾分消沉，畫中那些獨坐的高士往往就是他自己的真實寫照。這些畫面的內容都十分簡單，一間茅草屋，幾竿竹子，一個讀書人，僅此而已。

《虛亭聽竹圖》　明代　唐伯虎
84.2cm×27.7cm　遼寧省博物館藏
「虛亭林木裏，傍水着欄干。試展團蒲坐，葉聲生早寒。」

第三章
那不是唐伯虎

唐伯虎平日裏表現得風流瀟灑，甚至是像他所自稱的「瘋癲」，可他本人真的是這般率性浪盪、無慾無求嗎？他真的像世人演繹的那樣，只知道玩笑打鬧，似乎對甚麼都無所謂嗎？翻看唐伯虎的畫就能發現，那些真真假假的花邊韻事其實不足掛齒。真正讓他躋身「江南四大才子」的原因，都藏在流傳至今的畫卷裏。

憂鬱的美人

　　唐伯虎的山水畫畫得最好，但讓他名聲大噪的卻是仕女畫。他畫仕女並不僅僅是膚淺地展現美色，或者迎合書畫市場，他的深意在於美人背後的故事。而他自己的身世和情感，也被投射到筆下的美人中去了。

　　讓我們來看這幅《王蜀宮妓圖》，乍一看，他畫的就是宴飲酣樂的宮廷生活。正對觀眾的兩位女子梳着精緻的髮髻，頭飾花冠，俊俏的臉龐上抹着厚厚的胭脂水粉，衣飾華麗不俗，一看就知道身份高貴。背對着我們的兩個宮女服飾較樸素，無疑是婢女，正在奉酒捧食。

《王蜀宮妓圖》　明代　唐伯虎
124.7cm×63.6cm　故宮博物院藏

公元 907 年，王建在蜀稱帝，以成都為國都，國號蜀，史稱「前蜀」。王建傳位給他的兒子王衍。前蜀二世而亡，王衍為末代君主，因而在歷史上稱「後主」。
詩後題字：「蜀後主每於宮中裹小巾，命宮妓衣道衣，冠蓮花冠，日尋花柳以侍酣宴。……俾後想搖頭之令，不無扼腕。」

但是仔細一看，畫上人物雖在勸酒作樂，卻絲毫沒有縱情歡樂的氣氛，看起來平平淡淡，甚至還有一絲惆悵。唐伯虎為甚麼會這樣畫呢？

通過畫上的題字我們可以了解，唐伯虎畫的是五代時期，前蜀後主王衍的後宮故事。史書上記載，王衍荒淫無度，不理朝政，即便是陪母親同遊青城山，在道家清修的地方，也要攜大量后妃宮女一路遊玩行樂。飽讀詩書的唐伯虎無疑在用這幅仕女圖譏諷王衍的荒唐昏庸。

你可能已經注意到了，畫面中女子的前額、鼻尖、下頜三處地方，都敷上了一層白粉。這種造型和唐代張萱、周昉筆下的唐妝仕女很像，突出了宮女濃妝豔抹的宮廷富貴氣息。

但和豐滿健壯、洋溢着勃勃生氣的唐朝女性不同的是，唐伯虎筆下的女子纖細秀美、惹人憐愛。她們脖子細長，肩膀下削，身形瘦弱，尖尖的瓜子臉上，眉毛和眼睛都像柳葉一樣又細又長。這種弱不禁風的形象，就是唐伯虎那個時代最美麗的女子的風采！

穿青衣的女子頭戴蓮花冠，左手應該拿着一個酒杯。她一邊向紅衣女子勸酒，一邊讓綠衣女子斟酒

《簪花仕女圖》中豐滿的唐代仕女

《王蜀宮妓圖》局部

伺候。穿紅衣女子服飾最為華麗，上衣繡滿了雲鶴紋，面部神色迷離，正擺手表示自己已經不勝酒力。

　　唐伯虎的人物畫有兩種風格：一種是《王蜀宮妓圖》那樣線條細勁、顏色妍麗的工細風格；還有一種是揮灑自如的水墨寫意風格，代表作就是下面要講到的《秋風紈扇圖》。

　　畫面的正中是一位手持紈扇的仕女，她正側身凝望，眉宇間露出淡淡的憂傷。她的裙擺和衣帶向畫面

的右方飄動，暗示了秋風颳來的方向。右下角繪有一片堅硬的太湖石，和仕女的柔弱纖細形成對比。不遠處還有一叢疏疏落落的竹子隨風搖擺，再次渲染了秋天的淒涼和仕女的憂愁。

你可能會好奇，秋風漸起，天氣轉涼，怎麼畫中人還拿着扇子呢？原來，這後面也有一個悲傷的故事。

西漢時，有一位備受漢成帝寵愛的妃子，叫班婕妤。她不僅樣貌美麗，還是歷史上有名的才女。但皇帝喜新厭舊，不久有了新的寵妃，班婕妤便被無情地拋棄了。獨處深宮，班婕妤寫了一首千古傳唱的《團扇詩》，將團扇的遭際與自己的命運作比，表達飽嘗人情冷暖後的心酸。

班婕妤的命運和扇子一樣，當天氣不再炎熱、扇子不再被需要的時候，就被無情地拋棄了。聯想起自己的遭遇，讓命運坎坷、飽嘗世態炎涼和人情冷暖的唐伯虎產生了深深的共鳴。

《秋風紈扇圖》局部　明代　唐伯虎　上海博物館藏

漁隱之樂

少年喪親，科場蒙冤，婚姻多變，誤入寧藩，病困交加……像唐伯虎這樣風流倜儻、放蕩不羈的才子，經過時間的磨礪，內心深處也產生了些許對平穩安寧的生活的嚮往。

《溪山漁隱圖》　明代　（傳）唐伯虎　30cm×610cm　台北「故宮博物院」藏

　　《溪山漁隱圖》是唐伯虎晚期畫技最精湛的一件作品，大片的水面像一個保護層，隔開了紛擾繁雜的現實世界，這正是畫家為自己營造的理想中的隱逸世界。

　　水上活動着的五組人物，或駕船，或飲茶，或吹笛，或觀魚，或垂釣，無不悠閒自得，這些看似淡然的畫面其實暗合了不少典故，比如漁隱、莊子觀魚、陸羽烹茶等。下面我們來依次看看。

漁父

　　漁父、扁舟、垂釣，這些是傳統文化中漁隱主題的經典符號。它們既是古詩傳頌的對象，比如大家熟悉的「孤舟蓑笠翁，獨釣寒江雪」（柳宗元，《江雪》）、「青箬笠，綠蓑衣，斜風細雨不須歸」（張志和，《漁歌子》），也是很受中國畫家歡迎的題材。漁父乘一葉扁舟隨波漂蕩，不知來自何方，也不問去向哪裏，他歸隱於蒼茫天地間，完全擺脫了物質世界和現實社會的干擾，成為精神獨立與個體自由的象徵。

　　順着水面上漂浮的片片紅葉看去，峭壁流泉下，兩隻小舟在丹楓黃葉間順流而下，其中一艘小船上的人正悠閒地吹着笛子，雙腳隨意地浸在水裏，旁邊這人斜倚靠枕打着節拍，兩人在山水間逍遙自在極了。「高山流水遇知音」，應該就是這般情景吧！

▲
畫卷首尾兩處均繪有漁父相互呼應，強調了「漁隱」的主題。

▶
我們經常能在中國畫中發現這些孤獨的垂釣者的身影。

《溪山漁隱圖》局部

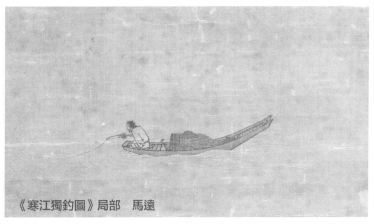

《寒江獨釣圖》局部　馬遠

《富春山居圖》局部　黃公望

觀魚

　　莊子觀魚，說的又是甚麼呢？《莊子 · 秋水》中有一則故事，講的是莊子與他的好友惠子在濠水的橋上遊玩時，曾展開了一場小辯論。莊子說，鰷魚在水裏優哉游哉，這是魚的快樂啊！惠子反問：你不是魚，你怎麼知道魚的快樂？（子非魚，安知魚之樂？）莊子答道：你不是我，你怎麼知道我不知道魚的快樂呢？惠子繼續辯答：我不是你，當然不知道你的想法；你不是魚，那肯定不能知曉魚的快樂啊！

　　莊子的回答很巧妙，他說：我們回到這個話題的開始，你問我怎麼知道魚的快樂的時候，你就已經知道我知道魚的快樂。我是怎麼知道魚的快樂的呢？我是在濠水的橋上知道的啊！

烹茶

　　唐朝人陸羽一生酷愛喝茶，精於茶道。傳說他一生鄙夷權貴，不重財富，而是久居於山林中，穿着布衣粗服採茶覓泉，評茶品水，還寫成了世界上第一部關於茶葉的著述《茶經》。後來的人們也崇尚以茶會友、品茗賦詩的高雅生活方式。唐伯虎也是一位愛茶人，他還專門畫過一幅《事茗圖》（見本書第 16 頁），畫的就是主客相約品茶的日常情景。

◀

《溪山漁隱圖》局部

畫面最後有幾間臨水而建的茅屋。一名手握書卷的男子正憑欄觀魚。

▶

《溪山漁隱圖》局部

江岸上幾間簡陋的茅舍裏，兩名老者促膝交談，席子上放着茶杯。侍從正在旁邊的茅屋裏烹煮新茶。

第四章

畫家二三事

「江南第一風流才子」，是唐伯虎自己刻了一方印這麼稱呼自己的。繪畫，無疑是唐伯虎一生的最高成就。那麼，他的才華還體現在哪些方面，能讓他有自信稱自己是第一才子呢？

唐伯虎的傳說

在整個明代的畫壇中，唐伯虎估計是知名度最高的畫家了。因為他不僅留下了大量藝術價值很高的詩書畫作品，還留下了許許多多真假參半的故事。實際上，後來的人們並不在乎這些故事是不是真的，他們只是簡單地喜歡一代才子橫溢的才情和他不拘世俗禮教的灑脫。這些逸事中流傳最廣的，莫過於「唐伯虎點秋香」了。

傳說唐伯虎在蘇州遊覽虎丘的時候，巧遇華府一位叫秋香的美麗婢女，讓他一見傾心。為了能有機會接近秋香，這位才子竟然改名換姓，跑到華府應聘，還被分配了一個陪公子讀書的重要差事。

唐伯虎舉止得體，才思敏捷，深得兩位公子的喜愛。為了一直留住唐伯虎，他們願以婢女相贈，唐伯虎自然選中了秋香，兩人當夜成親。這時人們才發現

《臨李伯時〈飲中八仙圖〉》局部　明代　唐伯虎　台北「故宮博物院」藏

這位僕人竟然是大名鼎鼎的風流才子唐伯虎。故事的結尾，當然是才子佳人過上了幸福的生活。

傳說中的唐伯虎不僅膽大心細，瀟灑快活，還保留了現實中才華洋溢的特點。據說一日他和朋友在外遊玩，看到一群商人正飲酒賦詩。兩人玩性大發，裝成乞丐，嘻嘻哈哈地跟商人們說只要有酒肉吃，他們也會作詩。

商人們當然不信，就給唐伯虎端來紙筆和美酒。唐伯虎拿起筆，寫了「一上」兩個字就假裝要走，商人們哪裏肯呢？把他攔下來接着寫，這一寫又是「一上」兩字，商人們樂了，乞丐嘛，怎麼可能會作詩呢！

可唐伯虎不慌不忙地說，我喜歡酒，飲了好酒才能作出好詩。商人們為了看笑話，就由着他繼續喝。一杯酒下肚，眾目睽睽之下他提筆先寫了「又一上」，頓了頓，再次寫了「一上」。這下在場所有人都忍不住了，笑得腰都直不起來了，這哪裏算得上詩啊！

唐伯虎看大家笑得差不多了，一口氣寫完了整首詩：一上一上又一上，一上直到高山上。舉頭紅日白雲低，五湖四海皆一望。

哇，前兩句文字簡陋淺白，可後兩句點石成金，頓時提升了整首詩的格調。這讓所有人看得目瞪口呆，他們哪裏知道，眼前這個小乞丐，就是才華橫溢的唐伯虎呢？

間來寫就青山賣

《墨竹圖》　明代　唐伯虎　49.8cm×17.3cm　美國大都會藝術博物館藏

　　之所以有唐伯虎「戲弄富商」這樣的故事，很可能因為唐伯虎本人詩歌的風格就是這樣，不被詩歌的格律韻法拘束，就像他的人一樣快意瀟灑。

　　我們來看看他從牢獄中出來回到蘇州後寫的這首《言志》。當時唐伯虎正處在人生低谷，飽嘗勢利小人的白眼和親人的冷遇，生活窮困潦倒。可這首詩卻寫出了文人的鐵骨錚錚，暢快豁達。

《言志》
不煉金丹不坐禪，不為商賈不耕田。
閒來寫就青山賣，不使人間造孽錢！

這首《桃花庵歌》寫於唐伯虎如願以償住進桃花庵後，字裏行間洋溢着他的心滿意足。

《桃花庵歌》
桃花塢裏桃花庵，桃花庵下桃花仙；
桃花仙人種桃樹，又摘桃花賣酒錢。
酒醒只在花前坐，酒醉還來花下眠；
半醒半醉日復日，花落花開年復年。
但願老死花酒間，不願鞠躬車馬前；
車塵馬足富者趣，酒盞花枝貧者緣。
若將富貴比貧賤，一在平地一在天；
若將貧賤比車馬，他得驅馳我得閒。
別人笑我太瘋癲，我笑別人看不穿；
不見五陵豪傑墓，無花無酒鋤做田。

無論是賣文還是賣畫，收入總是不盡如人意。加上唐伯虎不拘小節，性情豪放，常常是入不敷出，晚年生活十分清貧。堂堂一代才子，甚至連買酒的錢都沒有。即便是這樣，他也依舊不改放浪豪邁、憤世嫉俗的浪漫精神，可能這也是幾百年之後，他仍能被無數後人紀念、傳頌的原因之一吧！

《五十言懷詩》
笑舞狂歌五十年，花中行樂月中眠。
漫勞海內傳名字，誰信腰間沒酒錢。
詩賦自慚稱作者，眾人疑道是神仙。
些須做得工夫處，莫損心頭一寸天。

落花凌亂

在桃花庵前，唐伯虎種了半畝牡丹。每當牡丹花盛開、花團錦簇時，他就請好友們來飲酒作畫、賞花賦詩。花開有期，好景不長，等到花瓣零落成泥，他常會聯想起自己的坎坷命運——年少時意氣風發，年老時貧病落寞，不正和落花的命運一樣嗎？傳說唐伯虎常在花下哀哭，還會將花瓣一一撿起，用錦囊包好埋在土裏，也讓人看到他快意灑脫的表象下落寞的一面。落花，也成為備受唐伯虎鍾愛的一個題材，他有多卷《落花詩》墨跡流傳至今。目前這些書法作品分散於遼寧省博物館、蘇州博物館、普林斯頓大學美術館等地。

真實的唐伯虎是悲情的，一生坎坷，為生計所迫賣文賣畫，晚年孤獨多病……但人們欣賞他雅俗共賞的作品、風趣灑脫的個性，在後世的口耳相傳中，漸塑造出一個「假」的唐伯虎。這個唐伯虎無疑是幸福的，他敢戲弄富商權貴，也與佳人終成眷屬。甚至一些畫技高超的繪畫、風格灑脫的詩歌，人們也願意歸到他的名下。這些真真假假摻和到一起，讓生前落魄的唐伯虎，身後流芳百世，成為最受民間歡迎的明代傳奇畫家。

《落花詩》局部　明代　唐伯虎　蘇州博物館藏

「坐看芳菲了悶中，曲教遮護屏展風。衙蜂蜜熟香粘白，梁燕巢成濕補紅。國色可憐難再得，酒杯何故不教空。忍看馬足車輪下，一片西飛一片東。」
除了唐伯虎本人的寫作傾向，《落花詩》還跟明代蘇州文人的習慣有關。他們普遍喜歡雅集文會，在集會時一邊喝酒，一邊根據一種題材賦詩，彼此以詩歌文賦應答唱和，「落花」就是其中很受歡迎的一種題材。

坐看芳菲了蕊中黃教
遮護屏展風衛蜂蜜熟
香粘句梁燕集威溼補
紅圍色可憐難再浮酒
杯何故不教堂忍看馬
蘭車輪下一序西飛一
序東

第五章

知道更多：唐伯虎的親友團

蘇杭一帶自古盛產才華橫溢的文人雅士，他們聚在一起賞花飲酒、比拚詩文、切磋書法、交流畫技，日子過得相當風雅快活。我們一起來認識下唐伯虎的幾位大名鼎鼎的好朋友吧！

莫逆之交祝允明

祝允明比唐伯虎大十歲，天生右手多長一根手指，這種情況在古代叫「枝指」，所以他給自己起了個名號叫「枝指生」，也叫「枝山」。到後來，「祝枝山」這個名號比「祝允明」這個本名更為人所熟知呢！

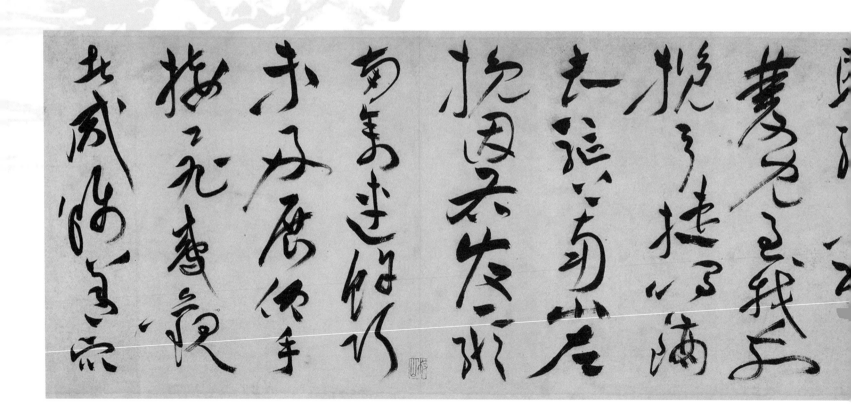

《手卷曹植詩四首‧名都篇》局部　明代　祝允明
台北「故宮博物院」藏

祝允明也非泛泛之輩，他是當時最有名的書法家。他的書法和唐伯虎的畫，被譽為明朝第一。他精心研究歷代名家的經典佳作，精通各種書體。他的小楷工整嚴謹；行書流暢俊美；草書的成就最高，瀟灑奔放，氣勢磅礴，連綿的筆觸像大海的波濤，洶湧澎湃，震撼人心。

祝允明是怎麼和唐伯虎成為好朋友的呢？據說是他去唐伯虎家的小酒肆喝酒時認識的，那一年唐伯虎才十四歲。兩個人同樣才華橫溢，瀟灑豪爽，追求自由自在的生活，經常在一起飲酒賦詩，結伴遊玩。唐伯虎能從喪失親人的痛苦中掙脫出來，發奮讀書，後來高中解元，就是祝允明良言苦勸的結果。可以說，祝允明是對唐伯虎一生影響最大的朋友了。

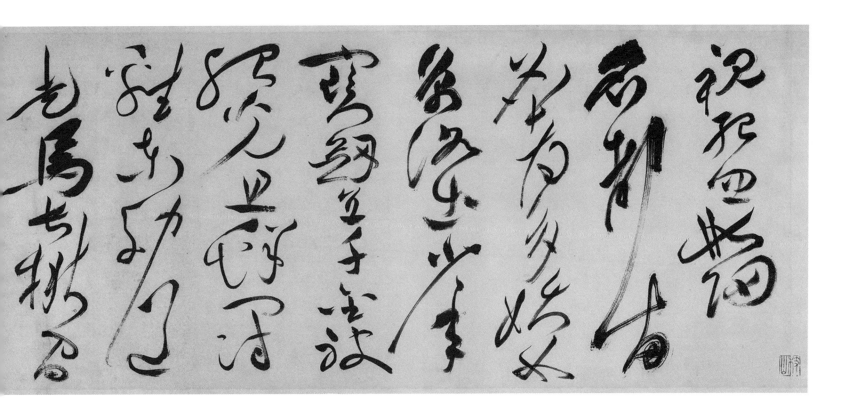

溫潤君子文徵明

文徵明出身官宦之家。不同於唐伯虎的早慧，據說他開蒙很晚，七歲時才能站穩，十一歲才把話說流利。他的科舉之路也十分不順，從二十六歲到五十四歲，九次參加鄉試，全部名落孫山。十九歲那次考試時，甚至因為書法不好，被列為第三等，誰能想到堂堂一代宗師，早年竟然有這樣的際遇呢？可文徵明是個極其刻苦、耐性極好的人。他從

《桃源問津圖》局部　明代　文徵明　遼寧省博物館藏

此發奮練字，鑽研古代碑帖和名家字跡，一直到去世前都執筆不停。在人才濟濟的蘇杭一帶，文徵明不靠天分而靠苦功和勤奮取勝，最終成為文壇、畫壇、書壇「盟主」，培養出了一大批技藝高超的後輩。

書如其人，畫如其人，不同於唐伯虎的張揚恣意，文徵明的書畫作品情調嫻靜、溫潤秀麗，讓人感到他性格中隨和、仁厚、謙遜的一面。他與唐伯虎從出身、成長環境、性格到命運軌跡都截然相反。唐伯虎生活十分困難的時候，是文徵明經常接濟他。對於唐伯虎自由不羈的生活方式，文徵明也曾多次規勸，兩人甚至差一點絕交。文徵明欣賞唐伯虎的詩文才情與繪畫天賦，而唐伯虎折服於文徵明的高風亮節。風風雨雨四十年，這份深厚的友誼一直保持着。

良師益友
沈周、周臣

沈周出身於詩畫及收藏世家，他平易敦厚、氣度不凡，三十歲的時候就非常受江南文人們尊敬了。

沈周的畫作有粗、細兩種風格。這句話是甚麼意思呢？四十歲前，沈周的畫大多是盈尺小景，畫法謹細，人稱「細沈」。中年之後，他的畫面開始放大，筆墨豪放，別有一種雄渾酣暢的風格。

唐伯虎早年經常與沈周在一起交流書畫心得，雖不算正式拜師學畫，但耳濡目染，領悟到繪畫的精髓，為日後的創作打下很好的基礎。

唐伯虎正式開始系統地學習繪畫，是從拜周臣為師開始的。

《盆菊幽賞圖》局部　明代　沈周　遼寧省博物館藏

周臣是以賣畫為生的職業畫家，有扎實的繪畫功底，擅長畫人物和山水。唐伯虎學習能力超強，很快青出於藍而勝於藍，名望甚至超過周臣。有時候買畫的人太多，唐伯虎忙不過來，還會請老師來幫忙一起畫。

周臣也不認為這是丟人的事情，他承認自己確實不如唐伯虎，比唐伯虎少讀了三千本書。三千當然是一個誇張的數字，意思是說，周臣自認只有繪畫技巧，而沒有唐伯虎的文化底蘊。

▶
《香山九老圖》 明代　周臣　177cm×106cm　天津博物館藏
▼
《香山九老圖》局部

師弟仇英

　　仇英同樣跟隨周臣學習繪畫，又比唐伯虎年齡小，可以說是唐伯虎的師弟了。和差點走上仕途的唐伯虎不同，仇英早年是一個油漆工，他最擅長的是傢具漆畫。也是因為這種經歷，他的作品色澤十分豔麗，線條大膽，別有風味。你看，同樣是畫陶淵明筆下的桃花源，文徵明的桃花源看起來寧靜悠遠，而仇英的《桃源仙境圖》則是一派富麗。從上往下看，有高聳入雲的山峰、氣勢恢宏的寺廟、蒼勁的青松、山谷間潺潺的流水、坐在一起彈琴談笑的白衣老者、捧着食盒的小童，細節處刻畫得非常精細。

　　仇英是賣畫為生的職業畫家，他的繪畫技巧，甚至可以說比沈周、文徵明、唐伯虎都更高一籌。但是仇英也有他的短板，由於仇英沒有像另外三人那樣從小讀書，文化修養不夠深厚，所以在他的畫作上，我們通常只能發現他自己名字的題款，而不像其他文人畫家那樣有題畫詩。

《桃源仙境圖》　明代　仇英
175cm×66.7cm　天津博物館藏

《桃源仙境圖》局部

第六章 藝術小連接

吳門畫派

吳門畫派是明朝中期在蘇州地區興起的繪畫流派，它的開創者公認為沈周。一開始，吳門畫派的影響還比較弱，在當時的山水畫壇上，是戴進的「浙派」勢力更為強大，吳門畫派還不能與之抗衡。等到文徵明執掌吳門畫派的大旗，這個畫派才逐漸達到鼎盛。他培養的一大批畫藝高超的後輩，如文彭、文嘉、錢穀、陸治等，使吳門畫派對中國畫壇產生了深遠的影響。

吳門畫派的畫家，大部分來自蘇州地區。儘管繪畫風格各有特色，但都深受沈周和文徵明畫風的影響，重視詩、書、畫三者的結合，崇尚儒雅的藝術格調，有濃濃的文氣。

明代科舉制

在明代，參加科舉考試是讀書人進入官場最主要的途徑。明代的科舉考試分為鄉試、會試、殿試三個階段。鄉試在各省城（包括京城）舉行，每三年舉行一次，在八月考試三場。鄉試的第一名稱為解元。考試若通過，就可以去京城參加會試。會試是全國考試，也是每三年舉行一次，在二月考試三場。會試的第一名稱為會元。通過會試，就可以參加殿試，由皇帝親自主持並確定名次。殿試的第一名，就是我們熟悉的狀元。人們經常說的「連中三元」，就是指接連中了解元、會元和狀元。

《梅花水仙圖》局部　明代　錢穀　遼寧省博物館藏

漁父

在中國文化中，漁父一向是隱逸之士的代名詞。其起源可追溯到戰國中期的兩部作品——《莊子》和《楚辭》，它們都有一篇名為《漁父》的故事。

《莊子·漁父》這個寓言故事，記述了代表道家思想的漁父，與儒家思想創始人孔子的對話。漁父儼然一個洞悉世事的智者、隱士的化身。

《楚辭·漁父》講的是屈原被放逐後，在江邊行走時見到漁父的場景。這裏的漁父，不拘泥於俗世，瀟灑自在。他唱的歌詞「滄浪之水清兮，可以濯吾纓；滄浪之水濁兮，可以濯吾足」，成為千古名句。

從此，歷代不少文人都表達過對漁父那般自由隱逸生活的神往。

《明皇幸蜀圖》 唐代 （傳）李昭道　55.9cm×81cm
台北「故宮博物院」藏

青綠山水

青綠山水是山水畫的一種，主要以色澤鮮豔的礦物質顏料石青、石綠奠定主色調，畫出來的山水燦爛明豔，豪華富麗。作畫時先以線描勾出輪廓，再用顏色填染。山石向陽的部分，通常染成淺藍、淺綠，甚至加以金色等暖色；山石背陰的部分，則通常染成深藍、深綠等冷色。這樣，明與暗的對比、冷色與暖色的對照，使得大山很有立體感。

李思訓、李昭道父子確立了青綠山水一派，成為中國山水畫兩大體系之一。這種獨特的色彩表現形式，在中國美術史上代代相傳。青綠山水的代表性作品有唐朝李昭道《明皇幸蜀圖》、北宋王希孟的《千里江山圖》等。

第七章 紙刻工坊

畫一張畫，然後讓它擁有萬千變化，可能嗎？可能的！

1 準備材料

一張卡紙或者素描紙，一支鉛筆，一把刻刀（也可以用美工刀），彩色水彩筆。

2 勾勒草圖

我們選唐伯虎的《王蜀宮妓圖》來創作。把原畫的人物、細節臨摹下來。畫好以後，可以把一部分的衣飾、頭髮用鉛筆做出記號（如圖中陰影所示）。這是我們接下來要刻掉的部分。

3 雕刻

用刻刀或美工刀把畫有標記的部分鏤空，請一定小心，不要傷到手哦！

4 上色

參照原畫，用水彩筆把人物的衣服、頭飾等空白部分塗上顏色。

5 轉換空間遊戲

由於做了鏤空處理，這張畫就變得更有意思了。把它放在不同的環境裏看看！隨着周圍環境的變化，這張畫也會呈現不同的面貌。古代的畫面和現代真實的環境融為一體，實現了真正的時空交錯。

完成！

參考書目

陳伉、曹惠民主編，《江南四大才子全書・唐伯虎詩文書畫全集》，北京：中國言實出版社，2007 年。

于潤生，《唐寅畫傳》，北京：中國文聯出版社，2005 年。

魏華，《唐伯虎》，山西：山西教育出版社，2006 年。

鄧曉東，《唐寅研究》，北京：人民出版社，2012 年。

參考論文

楊繼輝，《唐寅年譜新編》，蘇州大學碩士學位論文，2007 年。

（本書「紙刻工坊」，由北京陽光雨叢美術工作室張梓涵同學、胡嵩恩同學、段子悅同學合作完成，指導教師唐詩、王蕾。）